Heimische Marienkäfer

im Vergleich

QUELLE & MEYER
BESTIMMUNGSKARTEN

1. Glänzender Schlankmarienkäfer
Coccidula rufa

2. Gefleckter Schilfmarienkäfer
Coccidula scutellata

3. Ameisen-Siebenpunkt-Marienkäfer
Coccinella magnifica

4. Siebenpunkt-Marienkäfer (Larve)
Coccinella septempunctata

5 a. Siebenpunkt-Marienkäfer
Coccinella septempunctata

5 b. Siebenpunkt-Marienkäfer
Coccinella septempunctata

6. Augenmarienkäfer
Anatis ocellatas

7. Vierpunkt-Marienkäfer
Harmonia quadripunctata

8. Dreizehnpunkt-Marienkäfer
Hippodamia tredecimpunctata

9. Variabler Flach-Marienkäfer
Hippodamia variegata

10. Neunzehnpunkt-Marienkäfer
Anisosticta novemdecimpunctata

11. Kugeliger Marienkäfer
Oenopia conglobata

12. Asiatischer Marienkäfer (Larve)
Harmonia axyridis

13. Asiatischer Marienkäfer
Harmonia axyridis

14. Asiatischer Marienkäfer (Puppe)
Harmonia axyridis

15. Längsfleckiger Marienkäfer
Myzia oblongoguttata

35. Hopfen-Zwergmarienkäfer (w)
Scymnus rubromaculatus

36. Hopfen-Zwergmarienkäfer (m)
Scymnus rubromaculatus

37. Schrägbinden-Zwergmarienkäfer
Scymnus subvillosus

38. Rainfarn-Zwergmarienkäfer
Scymnus interruptus

39. Vierfleckiger Zwergmarienkäfer
Nephus quadrimaculatus

40. Vierundzwanzigpunkt-Marienkäfer
Subcoccinella vigintiquatuorpunctata

41. Rainfarn-Marienkäfer
Platynaspis luteorubra

42. Rainfarn-Marienkäfer (Larve)
Platynaspis luteorubra

29 a. Vierzehnpunkt-Marienkäfer
Propylea quatuordecimpunctata

29 b. Vierzehnpunkt-Marienkäfer
Propylea quatuordecimpunctata

30. Vierzehnpunkt-Marienkäfer (Larve)
Propylea quatuordecimpunctata

31. Vierfleckiger-Kugelmarienkäfer
Exochomus oder Brumus quadripustulatus

32 a. Zweiundzwanzigpunkt-Marienkäfer
Psyllobora vigintiduopunctata

32 b. Zweiundzwanzigpunkt-Marienkäfer
Psyllobora vigintiduopunctata

33. Zweiundzwanzigpunkt-Marienkäfer
Psyllobora vigintiduopunctata **(Larve)**

34. Strichfleckiger Schildlaus-Marienkäfer
Chilocorus bipustulatus

16. Licht-Marienkäfer
Calvia decemguttata

17. Blattfloh-Marienkäfer
Calvia quatuordecimguttata

18 a. Nadelbaum-Marienkäfer
Aphidecta obliterata

18 b. Nadelbaum-Marienkäfer
Aphidecta obliterata

19. Trockenrasen-Marienkäfer
Coccinula quatuordecimpustulata

20. Berg-Marienkäfer
Hippodamia notata

21 a. Sechzehnfleckiger Marienkäfer
Halyzia sedecimguttata

21 b. Sechzehnfleckiger Marienkäfer
Halyzia sedecimguttata

22 a. Zehnpunkt-Marienkäfer
Adalia decempunctata

22 b. Zehnpunkt-Marienkäfer
Adalia decempunctata

22 c. Zehnpunkt-Marienkäfer
Adalia decempunctata

23. Zehnpunkt-Marienkäfer (Larve)
Adalia decempunctata

24 a. Zweipunkt-Marienkäfer
Adalia bipunctata

24 b. Zweipunkt-Marienkäfer
Adalia bipunctata

24 c. Zweipunkt-Marienkäfer
Adalia bipunctata

25. Sechzehnpunkt-Marienkäfer
Tytthaspis sedecimpunctata

26 a. Zaunrüben-Marienkäfer
Henosepilachna argus

26 b. Zaunrüben-Marienkäfer
Henosepilachna argus

27. Schwarzer Kugelmarienkäfer
Stethorus pusillus

28. Achtzehnfleckiger Marienkäfer
Myrrha octodecimguttata

Bildnachweis: Sofern nicht anders angegeben, stammen die Bilder von Wolfgang Willner.

Bellmann, H. (36), Tuschl, H. (37), Wikimedia Commons: Entomart (7), Gilles San Martin (Cover (oben), 1, 2, 3, 8, 10, 32, 33, 34, 38, 39, 41), Olei (30)

Projektberatung und Zusammenstellung: Wolfgang Willner

Druck und Verarbeitung: Zimmermann Druck + Verlag GmbH

ISBN 978-3-494-01913-0
Best.-Nr.: 494-01913

9 783494 019130

QUELLE & MEYER
BESTIMMUNGSKARTEN